LA TRIDIMENSIONALIDAD DEL TIEMPO

Original de
Antonio J. González-Fernández®

2019

©Copyright

Autor: <u>Antonio J. González-Fernández</u>®

Título: **LA TRIDIMENSIONALIDAD DEL TIEMPO**

Editorial: **D**OCUMENTOS **D**IGITALES **O**RIGINALES® – <u>**D**OC**D**IG**O**RI</u>®

Ciudad: Guanare, V<small>ENEZUELA</small>.

Fecha: 24 Noviembre 2019

I.S.B.N.: 978 – 1710670066

Este libro está disponible en Amazon®
https://www.amazon.com/dp/1710670061

Para conocer otras publicaciones del mismo autor
te invitamos a visitar su página en Amazon®
https://www.amazon.com/author/antoniojotagonzalez-fernandez

BIEN HECHO EN

ÍNDICE

Pág.

Portada Interna i

©Copyright ii

ÍNDICE iii

PRÓLOGO v

¿Qué hubo antes del *Big Bang*? xii

¿Y cómo surgió la vida? xv

LA TRIDIMENSIONALIDAD DEL TIEMPO 1

INTRODUCCIÓN 1

DESARROLLO 2

¿Qué aplicación tiene en la práctica esta concepción del Tiempo Tridimensional? .. 10

¿Y el futuro del país? 11

¿Cómo hacer rendir el tiempo? 12

CONCLUSIONES 13

PRÓLOGO

Para mí que no soy una amante de las letras propiamente dicha, sino más bien de los números y de las fórmulas, es todo un reto escribir el prólogo para el interesante ensayo sobre la tridimensionalidad del tiempo que nos presenta el profesor Dr. Antonio J. GONZÁLEZ-FERNÁNDEZ, de la Universidad de los Llanos de Venezuela. Digo que es todo un reto porque dada la sencillez con la que él presenta sus ideas para que sean fácilmente entendidas y asimiladas por sus lectores, este prólogo debe mantener esas cualidades de brevedad y sencillez, sin sacrificar su densidad conceptual y su trascendencia.

En la antigüedad, posiblemente el primer concepto del tiempo fue desarrollado a partir de los ciclos naturales, tales como las sucesiones de días y noches, de las fases de la Luna y de las estaciones del año. Por ello, el primer concepto del tiempo puede decirse que era cíclico o circular. Los mayas por ejemplo, desarrollaron un sistema de calendario muy avanzado el cual funciona de forma mecánica como si fuesen engranajes que giran unos dentro de otros, representando los ciclos del Día, de la Luna y del

Sol. Esos tres ciclos tenían importantes influencias en las actividades diarias y en la disponibilidad de productos alimenticios en la naturaleza para la recolección, en la agricultura, en la salud de la gente, en el clima, ritos religiosos, entre otros.

Según PLATÓN «*el tiempo es la imagen móvil de lo eterno*», por lo tanto al expresarse en éstos términos podemos entender que ya él no concebía el Tiempo como una dimensión estática, ni cíclica.

ARISTÓTELES dijo que el tiempo va ligado a la existencia de los cuerpos, y mide sus cambios y su movimiento desde un estado anterior a otro posterior. Según su concepción, sin cuerpos cambiantes o en movimiento no habría tiempo, pues es el movimiento o los cambios de los cuerpos lo que permite comprender el paso sucesivo de un estado a otro, del pasado al presente, y de este al futuro.

Las teorías de ARISTÓTELES no resolvieron el problema del tiempo, sino que ofrecieron una nueva especulación, quizá por eso es tan admirado en nuestra época actual. Necesitaba medir el tiempo y, por lo tanto, lo asoció a números, a unidades de medida. Para entenderlo necesitaba dividirlo en unidades prácticas y así creó el concepto del *instante* como unidad básica de tiempo. En el fondo se ve empujado a darle la razón a PLATÓN porque el tiempo es algo numérico y fijo, pero es simultáneamente algo etéreo, capaz de ser captado, procesado y usado por un alma.

Los romanos dividían el tiempo en «ocio» y «negocio» (no ocio). Por una mala comprensión de su concepción vivimos inmersos en un mundo que todavía ve en el trabajo una especie de maldición bíblica, y por eso el tiempo se desea para un uso prioritariamente lúdico y festivo, pero perdemos de vista que el tiempo es la materia fundamental con que se cambia y se construye la realidad de cualquier ser. Tener tiempo no es tan solo disponer de él para la holganza, para el ocio, sino disponer equilibradamente de él para la propia formación y superación.

Tras la aparición del reloj mecánico en el siglo XIV y los primeros pasos científicos en el siglo XV, desaparece la visión subjetiva del tiempo, y es a partir de GALILEO y de NEWTON cuando la mecánica clásica lo concebirá como una variable de valor matemático, como algo físico y medible, que puede determinarse y evaluarse por experimentos, cuya realidad no precisa relacionarse ya con el movimiento para poder ser medida, y que existe desde el origen del Universo hasta la eternidad, como algo ilimitado e inamovible, tan constante como un tic-tac que no pudiera parar. El tiempo es una "materia fundamental" en la construcción de cualquier realidad, pero no puede ser minado, copiado, ni reproducido. El tiempo gastado no puede volver a ser invertido en otra actividad.

Llegados a nuestra época contemporánea, y como único fruto posible de un mundo frío y mecánico, las ideas sobre el tiempo pasan por personajes como HEIDEGGER y su postura de que el tiempo del hombre es limitado, porque *«el hombre es un ser para la muerte»*, es un ser temporal. Para él, el tiempo no es como un recurso fijo preexistente, sino algo que es concebido por el propio hombre debido a su conciencia sobre el carácter de temporalidad que tiene, pues sabe que su mayor posibilidad es la muerte.

Fue el filósofo francés Henri BERGSON quien planteó claramente la subjetividad del tiempo, dando un salto cualitativo en las concepciones anteriores. Para él, hay un tiempo uniforme, objetivo y continuo, del que podemos medir su duración mediante los relojes, y hay un tiempo auténtico – el único verdadero –, que tiene una «*duración real e imperecedera*» y está referida a la propia vida interior que es el alma.

Frente a la mentalidad positivista que cree tan sólo válido lo que puede ser mensurable, y que estructura los campos del saber en torno a una visión experimental, excesivamente materialista y determinista, en la que la ciencia adopta el papel de tabú, BERGSON contrapone su visión de un tiempo no externo, no falseado, que mide la vida interior de la conciencia. Para las ciencias, el tiempo (t) es una magnitud concreta de valor positivo o negativo (+t o -t), pero el tiempo que comprende nuestra intuición no es estático, sino dinámico; no señalado por magnitudes fijas, sino más cualitativo que cuantitativo; no determinado, sino fruto de nuestra libertad de crear y de sentir.

La verdadera revolución en las concepciones sobre el tiempo se la debemos a la genialidad de Albert EINSTEIN, al introducir su concepto del **«Espacio-Tiempo»**. A partir de EINSTEIN y su teoría de la Relatividad General, el tiempo ya no es una magnitud absoluta, sino relativa que varía en función de quién y bajo qué circunstancias se mida. No es tan sólo que la percepción subjetiva que tenemos de la duración de un acontecimiento sea variable, sino que como magnitud física el tiempo es variable y está en función del sujeto que lo experimenta, dependiendo de la velocidad a la que se mueve y en relación con la masa de los objetos, de la posición estática o en movimiento de quien lo mide, de su posición cercana a una masa gravitatoria o alejada de ella, y en todos estos casos precisos relojes marcarán desfases constatables de pequeñísimas fracciones de segundo. Así, son hechos ya constatados que el tiempo transcurre más lentamente si se mide cerca de una gran masa gravitatoria (en un rascacielos los relojes situados en la planta baja van más lentos que los situados en las últimas plantas). El tiempo a grandes velocidades (próximas a la de la luz) también se ralentiza. EINSTEIN terminó con la concepción de un tiempo absoluto.

La ciencia contemporánea comenzó entonces a trabajar con dimensiones más allá de nuestro espacio físico. Se comenzó a hablar de hiperespacios con decenas de dimensiones y a calcular matemáticamente sus intrincadas ecuaciones, que permitían desarrollos de las propiedades físicas existentes en ellos, aunque no siempre fueran fáciles de comprender sus resultados, por la dificultad de imaginarlos.

Científicos como Roger PENROSE y Stephen HAWKING desarrollaron las ideas básicas de EINSTEIN, y así se comenzó a hablar de los agujeros negros como de posibles puertas hacia otras formas de materia o de antimateria, si se pudiera salir vivo de su tránsito. Investigaron las concepciones de EINSTEIN y ROSEN sobre la posible existencia de puentes entre puntos distantes de nuestro universo, los llamados «agujeros de gusano», que podrían ser también pasos hacia otros universos paralelos, hacia otros mundos ya fueran simultáneos o regidos por otras medidas de tiempo, y se investigaron los posibles puentes o conexiones hacia otras dimensiones no tan sólo físicas, sino concienciales.

Cuando GAMOW lanzó la idea del origen del universo a partir de una gran explosión que denominó «*Big Bang*», se planteó también la idea de que todos los acontecimientos anteriores a él no tienen relación con nuestro Espacio-Tiempo. El tiempo comenzó en el momento en que sucedió el *Big Bang*, hace unos 13 800 millones de años, y a partir de ese momento este Universo comenzó a existir y a expandirse.

¿Qué hubo antes del *Big Bang*?

Tal como afirmó Stephen HAWKING en su **Historia del Tiempo**, se puede decir que el tiempo empezó a transcurrir con el primer conato de cambio que dio origen al *Big Bang*. Antes de eso todo era estático e inmutable, no ocurría absolutamente nada. No había universo, no ocurrían acontecimientos de ninguna índole, ni en ninguna escala, no habían causas ni consecuencias de nada... ¡No había tiempo!

Poco podemos decir sobre lo que había antes del *Big Bang*, porque ese fue el preciso momento en que comenzó nuestro tiempo. No tiene sentido tratar de aplicar el concepto de tiempo antes de esa singularidad, es imposible. Antes del *Big Bang* el universo era posiblemente una inmensísima masa muy densa, algunos dicen que incandescente, pero yo creo que más bien era helada, totalmente en el cero absoluto ($\emptyset\ °K$) porque si hubiese sido incandescente habrían ocurrido cambios y eso significaría que habrían sucedido acontecimientos, unos después de otros, y para eso tendría que haber existido el tiempo.

Con el *Big Bang* comenzó el tiempo y comenzaron a suceder acontecimientos... Allí comenzó la Evolución. De acuerdo con la aseveración del Dr. González-Fernández de que **«La Evolución es Dios»**, que será tema de una próxima publicación según me ha prometido, podemos asegurar entonces que la ocurrencia del *Big Bang* es la primigenia manifestación de Dios (o de la Evolución). A partir de allí, todo lo que conocemos, y también todo lo que aún no conocemos, que existió, existe y existirá, es producto de la Evolución, a la que llamamos Dios.

Ahora, surge esta nueva visión conceptual del **«Tiempo 3D»** que nos propone el Dr. González-Fernández. Con esta propuesta, el Tiempo en sí mismo es también un «espacio», que él denomina el Tempoespacio. Hay que tener cuidado porque es fácil confundirse: ese Tempoespacio del cual nos habla González-Fernández no es el mismo Espacio-Tiempo que estudió Einstein. El Tempoespacio que se nos presenta ahora es única y exclusivamente Tiempo, es un «espacio» abstracto que por sí mismo no tiene nada que ver con la materia, con la ubicación de esta en el espacio o incluso con su ausencia (vacío)... ¡Es TIEMPO y solo TIEMPO!

Si nos vamos a antes del *Big Bang*, podemos imaginar que existían dos hemiuniversos independientes y separados: el primero era el **Hemiuniverso Material (H_M)** constituido por el espacio físico de distancias en 3D (largo, ancho y alto), repleto de materia inerte, helada (0 °K), oscura, inmutable, estable e inmóvil; pero también con grandes espacios absolutamente vacíos, negros, helados e inertes. Para mí, toda la materia antes del *Big Bang* formaba una masa como un queso suizo, con todo y sus huecos vacíos, infinitamente grande, sin color porque no había luz, helada, inerte, inmóvil... Era como una fotografía en 3D.

El otro hemiuniverso era el **Hemiuniverso Temporal (H_T)** que es lo que el profesor González-Fernández ha denominado **Tempoespacio**, en el cual no existía materia de ningún tipo, ni tampoco existía vacío. Ambos hemiuniversos no estaban relacionados, eran universos coexistentes, pero sin ninguna relación entre ellos, ni siquiera eran paralelos, opuestos o complementarios. Eran dos universos totalmente diferentes e independientes.

Esos dos hemiuniversos colisionaron en lo que llamamos *Big Bang*, se fusionaron uno con el otro y dieron origen a este Universo actual que pretendemos conocer, comprender y explicar. En ese preciso instante de la colisión empezaron a ocurrir cambios en la materia... ¡y se inició la Evolución!

¿Y cómo surgió la vida?

Algunos millones de años después, en alguna parte de ese Universo, o quizá en varios sitios dispersos, se originó la mayor proeza de la Evolución que es la VIDA. Surgió la vida y la Evolución continuó operando hasta que más recientemente formó su obra física (*hardware*) más compleja y trascendental: el **Hombre**. Con este ser vivo evolucionó en el Universo algo que solo había existido hasta entonces en forma muy incipiente en algunas formas de vida: la **Inteligencia** (*software*)... y la inteligencia también evoluciona y lo hace ahora aceleradamente.

Luego de aproximadamente 13 800 millones de años después de aquel *Big Bang* y de haberse iniciado nuestro Universo Espacio-Tiempo y la Evolución, el hombre con su inteligencia hace esfuerzos sostenidos por entender, comprender, explicar y aprender a usar el enigma del Tiempo. Sin duda alguna, este sencillo aporte del profesor GONZÁLEZ-FERNÁNDEZ es un gran avance porque representa un importante cambio de paradigma: **el Tiempo es tridimensional.**

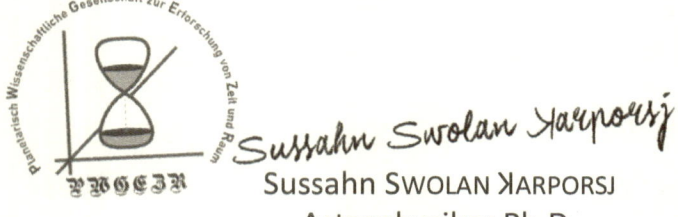

Sussahn SWOLAN ꓘARPORSJ
Astrophysiker Ph.D.
Planetarisch Wissenschaftliche Gesellschaft
zur Erforschung von Zeit und Raum
Deutschland

LA TRIDIMENSIONALIDAD DEL TIEMPO

INTRODUCCIÓN

Antes de entrar en materia, creo debo dar una pequeña introducción a manera de justificación o explicación para dar a conocer a mis lectores de dónde surgieron estas meditaciones que quizá pudieran ser tildadas de elucubraciones.

En primer lugar tengo que reconocer que la situación y tendencia del mundo me preocupa mucho, sobre todo porque tengo un hijo a quien le falta mucho por vivir aún. Mi mayor preocupación es por mi país, Venezuela, porque hemos caído en un foso que parece no tener fondo, repleto de todo tipo de sustancias e intenciones malignas. Cada día estamos peor. Parece que ya no hay palabras para definir la situación y por eso de vez en cuando utilizo un nuevo superlativo de malo que es mucho peor que peor, es peorísimo, pero cuidado, es con una sola "r" porque con dos significa otra cosa.

En el intento de lograr una interpretación certera sobre lo que nos ocurre y en la búsqueda de una salida a esta situación, mis meditaciones me llevaron una madrugada, no sé por qué, a conceptualizar el tiempo como un espacio tridimensional. Desvelado, totalmente despierto en aquella madrugada del 12 de abril de 2016, en medio de mis cavilaciones tratando de retomar el sueño, mi pensamiento fue canalizado por una voz superior que me fue explicando la mayoría de lo que describo a continuación sobre **"La Tridimensionalidad del Tiempo"**.

Desarrollo

El tiempo normalmente es concebido como una dimensión adicional a las tres que conforman el espacio físico que son las longitudes Largo, Ancho y Alto. Sin embargo, ahora veo que el tiempo también es en sí mismo un "espacio" tridimensional formado por las siguientes dimensiones:

- Avance Unidimensional del Tiempo (Ut)
- Vigor del Tiempo (Vt)
- Ímpetu del Tiempo (Wt)

LA TRIDIMENSIONALIDAD DEL TIEMPO

El Tiempo Tridimensional (T_{3D}) es por lo tanto, una función del Avance Unidimensional (Ut), el Vigor del Tiempo (Vt) y el Ímpetu del Tiempo (Wt):

$$T_{3D} = f(U_t, V_t, W_t)$$

Las unidad básica del Tiempo Tridimensional (T_{3D}) es el **instante** el cual por definición es equivalente a un segundo de nuestra escala lineal tradicional para medir el tiempo, pero elevado al cubo. Un instante equivale a un segundo cúbico (s^3).

Igual que en el espacio físico, en el **"tempoespacio"** el Tiempo Tridimensional puede existir en diferentes formas:

- Un **PUNTO** que representa un **instante** (**ins**) y es equivalente a un segundo cúbico (**1 s^3**), aunque también hay unidades múltiplos y submúltiplos, tales como miliins ($^1/_{1000}$ ins), centiins ($^1/_{100}$ ins), deciins ($^1/_{10}$ ins), decains (10 ins), hectoins (100 ins), kiloins (1000 ins), megains (1×10^6 ins), terains (1×10^9 ins), entre otras.

- Una **LÍNEA** que puede ser recta, curva o quebrada, que representa un **Curso de Tiempo**. La línea de un Curso de Tiempo es como un ducto y puede tener cualquier diámetro o grosor. El **Grosor del Tiempo** (G_t) es una función bidimensional del Vigor y del Ímpetu:

$$G_t = f(V_t, W_t)$$

- Un **VOLUMEN** temporal que puede tener cualquier tamaño y forma, regular o irregular.

- La totalidad del tempoespacio representa la infinitud de todo el Universo del Tiempo, en el cual se incluye todo el Pasado y todo el Futuro. En este espacio, el Presente es solo un punto (punto amarillo en la Fig. 1), un instante, que se desplaza por el espacio, transformando a su paso el futuro en pasado.

Las tres dimensiones que conforman el Tiempo Tridimensional (T_{3D}) son:

- El **Avance Unidimensional del Tiempo** (U_t) que se expresa en *segundos* (*s*).

- El **Vigor del Tiempo** (V_t) que se expresa también en *segundos* (s).

- El **Ímpetu del Tiempo** (W_t) que se expresa igualmente en *segundos* (s).

En la representación gráfica del Tiempo Tridimensional se utilizan tres ejes cartesianos, correspondiendo el eje X al **Avance Unidimensional del Tiempo** (U_t), el eje Y al **Vigor del Tiempo** (V_t) y el eje Z al **Ímpetu del Tiempo** (W_t). La unidad básica para los tres ejes es el segundo (s), aunque pueden expresarse en unidades múltiplos (minutos, horas, kilohoras, megahoras, días, años, siglos, etc.) y submúltiplos (decisegundos, centisegundos, milisegundos, etc.).

El **Tiempo 3D** (T_{3D}) se expresa en *segundos cúbicos* (s^3):

$$T_{3D}(s^3) = U_t(s) \times V_t(s) \times W_t(s)$$

...pero por definición de **instante**:

$$1\,ins = 1\,s^3 \rightarrow 1\,s = 1\,\sqrt[3]{ins}$$

Entonces, sustituyendo segundos por raíz cúbica de instante tenemos:

$$U_t\left(\sqrt[3]{ins}\right) \times V_t\left(\sqrt[3]{ins}\right) \times W_t\left(\sqrt[3]{ins}\right) = T_{3D}(ins)$$

LA TRIDIMENSIONALIDAD DEL TIEMPO

En comparación con las dimensiones en el espacio físico, podemos equiparar el Vigor con el alto y el Ímpetu con el ancho de un cuerpo. Si multiplicamos solamente el Vigor del Tiempo (V_t) por el Ímpetu del Tiempo (W_t) para un momento dado, obtenemos el **Grosor del Tiempo** (G_t) que se expresa en **segundos cuadrados** (**s²**) o en su equivalente **instantes por segundo** (**ins/s**) y representa la cantidad o concentración de instantes que transcurren en un segundo de **Avance**. El **Grosor del Tiempo** es un concepto similar al diámetro de un ducto o tubería de sección circular en el espacio físico.

$$G_t\,(s^2) = V_t\,(s) \times W_t\,(s)$$

pero...

$$s^2 = \frac{s^3}{s} = \frac{ins}{s}$$

Entonces el Grosor del Tiempo se puede expresar perfectamente en instantes por segundo (**ins/s**).

En la figura 1 se presentan tres cursos de tiempo diferentes en el tempoespacio. El curso A tiene un Grosor de 1 instante/segundo y es errático en su Avance, incluso retrocediendo en algunos lapsos y formando espiral, lo cual significa que para la persona, ser o ente que tenga ese curso tendrá dificultades para avanzar hacia su futuro que es el lado derecho del gráfico.

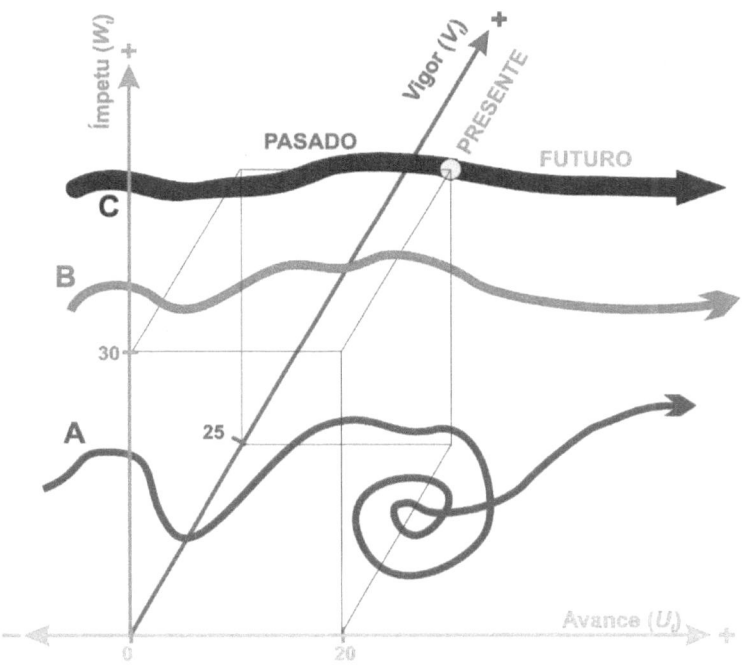

Figura 1. Representación de tres cursos de tiempo en el tempoespacio.

En cambio, el curso B tiene mayor Grosor (2 ins/s) y es ondulado pero mantiene siempre el Avance hacia el futuro. Un mayor Grosor en un curso de tiempo representa mayor "energía cinética" en el movimiento: a mayor Grosor es más difícil cambiar la dirección del Avance. El curso C de la gráfica representa una mejor aproximación a la línea

recta con un Grosor de 5 instantes/segundo que le permite al ente de ese curso avanzar y progresar con mucha fortaleza hacia su futuro.

El punto amarillo representa el instante del presente en el curso C, toda la sección del curso C que está a la izquierda (antes) de ese instante representa el pasado y toda la parte que está a la derecha (después) representa el futuro.

Si comparamos el Tiempo Tridimensional (T_{3D}) con el volumen de un líquido en movimiento por un tubo, podemos equiparar el Avance Unidimensional del Tiempo (U_t) con la distancia recorrida por el líquido dentro del tubo y el Grosor del Tiempo (G_t) equivale al área de sección del tubo (πr^2). Este ejemplo nos facilita conceptualizar el Tiempo Tridimensional no como una línea recta sobre la cual nos movemos siempre en una misma dirección (hacia el futuro) y a una velocidad constante de 1 s/s; sino más bien como un ducto o una manguera que puede tener diferentes grosores, por el cual circula una infinita sucesión de instantes. Ese "tempoducto" no es obligatoriamente recto, puede tomar cualquier forma, y cada individuo tiene su propio curso o tempoducto, el cual define el ritmo de su vida.

Si pudiéramos ver todos los tempoductos de muchas personas al mismo tiempo, veríamos algo como un desordenado plato de espaguetis o una pelota de hilos enredados (Fig. 2), donde algunos espaguetis o hilos quizá atraviesan el montón con una trayectoria que se acerca a la recta, mientras que otros se contorsionan alrededor de un mismo punto y no logran alejarse de él o avanzar.

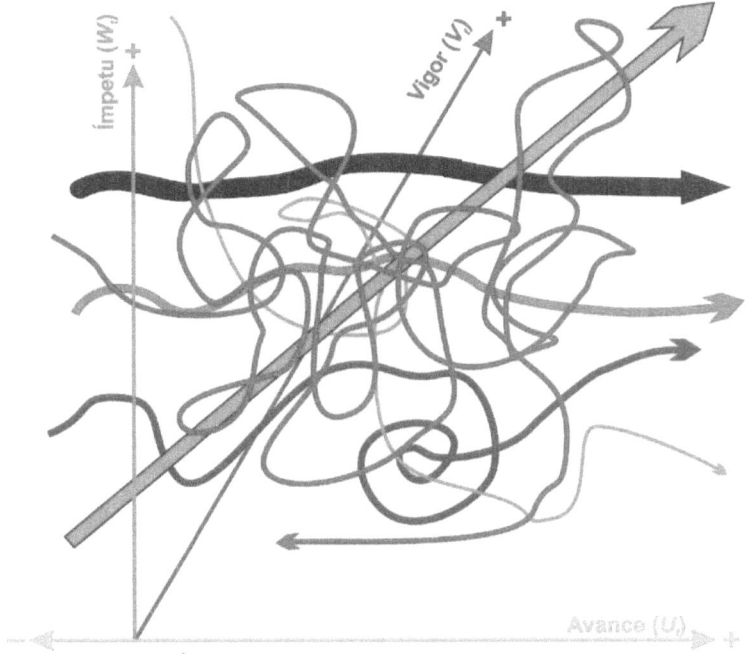

Figura 2. Representación de diferentes Cursos de tiempo en el Tempoespacio.

LA TRIDIMENSIONALIDAD DEL TIEMPO

En la Fig. 2 se han graficado varios cursos de tiempo y de su observación e interpretación podemos concluir que el mejor curso del tiempo que podemos tener es uno como el azul claro que va en línea recta, con avance constante hacia el futuro, cada vez con mayor Vigor y más Ímpetu. En cambio, si analizamos el curso rojo vemos que es totalmente errático, retrocediendo con frecuencia (Avance negativo o retrógrado). La curva anaranjada, aunque también es algo errática, tiene menor Grosor y logra mantener su tendencia a avanzar positivamente.

¿Qué aplicación tiene en la práctica esta concepción del Tiempo Tridimensional?

En nuestro entorno inmediato de parientes y amigos, conocemos personas que logran avanzar aceleradamente hacia su futuro, mientras que otros están estancados o realizando intentos uno tras otro en la búsqueda de un modus vivendi que les permita vivir mejor y avanzar con mayor tranquilidad y confianza hacia su futuro. Todos estamos en el mismo país, incluso en la misma región o ciudad; pero a unos le va muy bien y avanzan seguros, mientras que otros se van quedando atrás en el tiempo o no avanzan al mismo ritmo.

Cuando comprendemos la Tridimensionalidad del Tiempo nos damos cuenta que independientemente del lugar que cada quien ocupa en el espacio físico (urbanización, ciudad, estado, país, continente... planeta), cada uno tiene su propio curso del tiempo y, por lo tanto, no todos avanzamos a la misma velocidad ni con la misma fuerza (Caudal) hacia el futuro.

Debemos tratar siempre de mantener lo más alto posible el Vigor y el Ímpetu de nuestro curso de tiempo individual y eso nos ayudará a avanzar más rápido y con mayor fuerza inercial hacia nuestro futuro.

¿Y el futuro del país?

El Curso del Tiempo para el país podría concebirse como la suma de todos los cursos de sus habitantes. En la medida en que sus habitantes logren evolucionar o avanzar hacia su futuro, en esa medida el país avanzará. Si los gobernantes no ayudan o evitan que la población avance, el país se paraliza o incluso puede retroceder. Venezuela en los últimos 20 años ha retrocedido aproximadamente 80 años; pero la verdad es que estamos mucho peor porque hace ochenta años Venezuela tenía solo unos 4 millones de habitantes y ahora tenemos al menos seis veces esa cantidad. La situación es realmente muy grave.

Cada uno de nosotros debe empezar a conceptualizar el tiempo con sus tres dimensiones: Avance, Vigor e Ímpetu. Podemos decir que el Vigor es como el alto de nuestra acción, su peso momentáneo o su "tamaño". El Ímpetu en cambio es como el ancho y representa la importancia, su trascendencia o su utilidad.

¿Cómo hacer rendir el tiempo?

En la medida en que más vigor y más ímpetu logremos imprimirle al curso de nuestro tiempo, en esa medida tendremos más instantes por segundo de nuestro reloj para invertirlos en nuestro futuro. Mi compañero y hermano de la vida, el profesor Adolfo F. Cardozo B., me dio un magnífico ejemplo para ilustrar lo que pueden representar en la práctica el Vigor y el Ímpetu del tiempo:

"Cuando no podemos dedicar más tiempo a nuestros hijos, debemos invertir nuestros mayores esfuerzos en incrementar la CALIDAD (≈ Vigor) y la INTENSIDAD (≈ Ímpetu) del tiempo que compartimos con ellos"
[CARDOZO B., Adolfo F. 2017, com. pers.].

No perdamos de vista que para avanzar cada día hacia nuestro futuro, no es necesario u obligado cambiar de sitio en el espacio físico (emigrar). Tenemos que aprender a movernos en el tempoespacio sin que necesariamente nos tengamos que mover en el espacio físico; algunas veces es difícil y para algunos les resulta más fácil cambiar de espacio. EN la crisis actual de Venezuela, sí hay quienes han logrado avanzar muchísimo sin abandonar el país, con elevada moral y ética. Son ejemplos que demuestran que con Vigor e Ímpetu sí se puede avanzar... ¡y con mucha creatividad!

CONCLUSIONES

- Desde hace siglos hemos estado concibiendo el tiempo como una variable lineal o unidimensional sobre la cual transita la totalidad del espacio físico, incluyendo toda la materia y todo el espacio vacío, a un ritmo constante de un segundo/segundo. Sin embargo, vemos con

frecuencia y nos parece difícil de explicar por qué el tiempo le rinde más a unas personas que a otras o por qué unas semanas parecen transcurrir más lentamente que otras.

- Concebir e internalizar el Tiempo como un espacio tridimensional nos puede ayudar a hacer un mejor uso de nuestro tiempo para invertirlo en el avance sostenido hacia nuestro futuro, así como el de nuestra familia y nuestro país. No se trata de ir a cualquier futuro que pudiéramos alcanzar solo con dejarnos llevar a una velocidad lineal de un segundo/segundo. Al contrario, se trata de avanzar con determinación, con "energía cinética", de forma sostenida hacia el futuro que todos queremos.

- Es necesario esforzarnos para vivir de la mejor manera cada instante, cada momento, cada etapa de nuestras vidas e invertir una cantidad creciente de instantes con calidad (vigor) e intensidad (ímpetu) en nuestra superación personal y familiar, así como en el mejoramiento de nuestro entorno en general, tales como el ambiente, el empleo, las instituciones, nuestra ciudad, nuestro país.

- Las dos dimensiones del tiempo que en este ensayo he denominado **Vigor** e **Ímpetu**, pudieran recibir otros nombres como Calidad e Intensidad, o simplemente Anchura y Altura del Tiempo. Lo importante es internalizar esas dos dimensiones adicionales a la tradicional línea recta. Esas dos dimensiones adicionales son las que nos permiten vivir y aprovechar más de un instante por segundo. Mientras más Vigor e Ímpetu tengamos en nuestro curso de tiempo, más Grosor de Tiempo tendremos disponible y eso significa una mayor densidad de instantes por segundo (ins/s) en nuestro Avance hacia el futuro.

Este trabajo fue editado por

DocDigOri®
DOCUMENTOS DIGITALES ORIGINALES®

Guanare – VENEZUELA

Fue publicado el
24 de noviembre de 2019
especialmente para

y está disponible en Amazon®
https://www.amazon.com/dp/1710670061

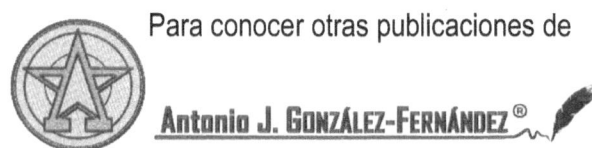

Para conocer otras publicaciones de

Antonio J. GONZÁLEZ-FERNÁNDEZ®

te invitamos a visitar su página en Amazon®
https://www.amazon.com/author/antoniojotagonzalez-fernandez

www.ingramcontent.com/pod-product-compliance
Lightning Source LLC
Chambersburg PA
CBHW030548220526
45463CB00007B/3021